KB273646

왜 피부가 벗겨져요?

왜 피부가 벗겨져요?

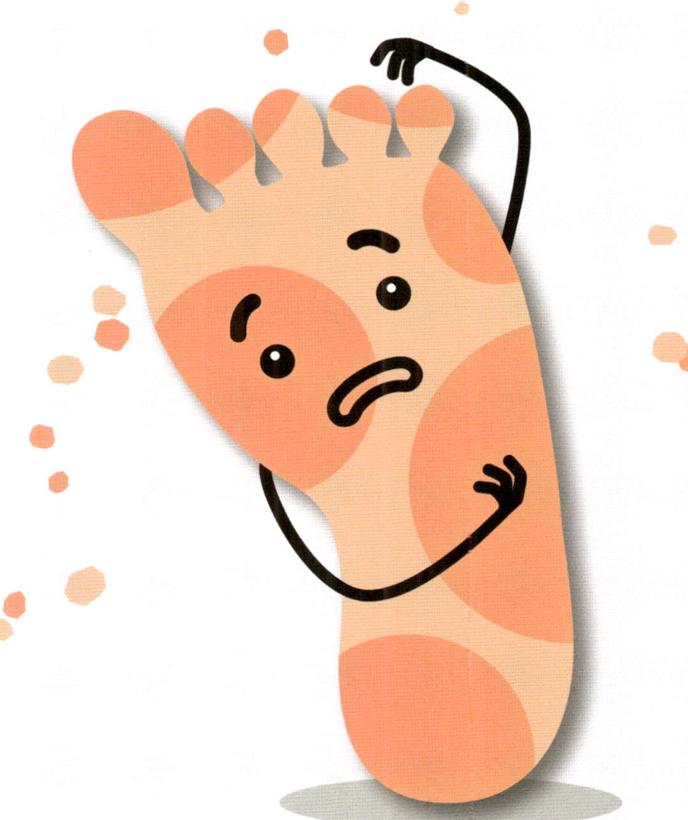

에밀리 듀프레인 글

이계순 옮김

서영균 감수

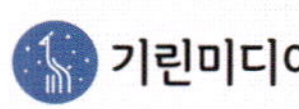

차례

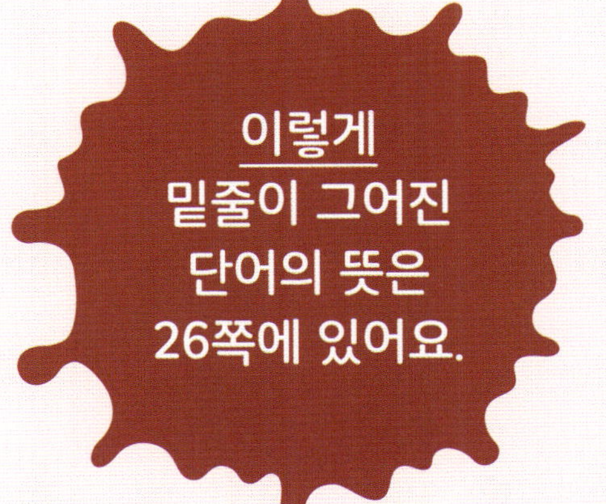

피부가 얇게 벗겨지나요?

몸이 근질근질 가려운가요? 그래서 긁었더니 살갗에서 얇은 조각들이 떨어져 나왔나요?

아무래도 허물이 벗겨진 것 같네요.

걱정하지 말아요! 지극히 정상적인 일이니까요. 피부에서 허물이 벗겨지는 이유는 매우 여러 가지예요. 이제 그 이유를 살펴보도록 해요.

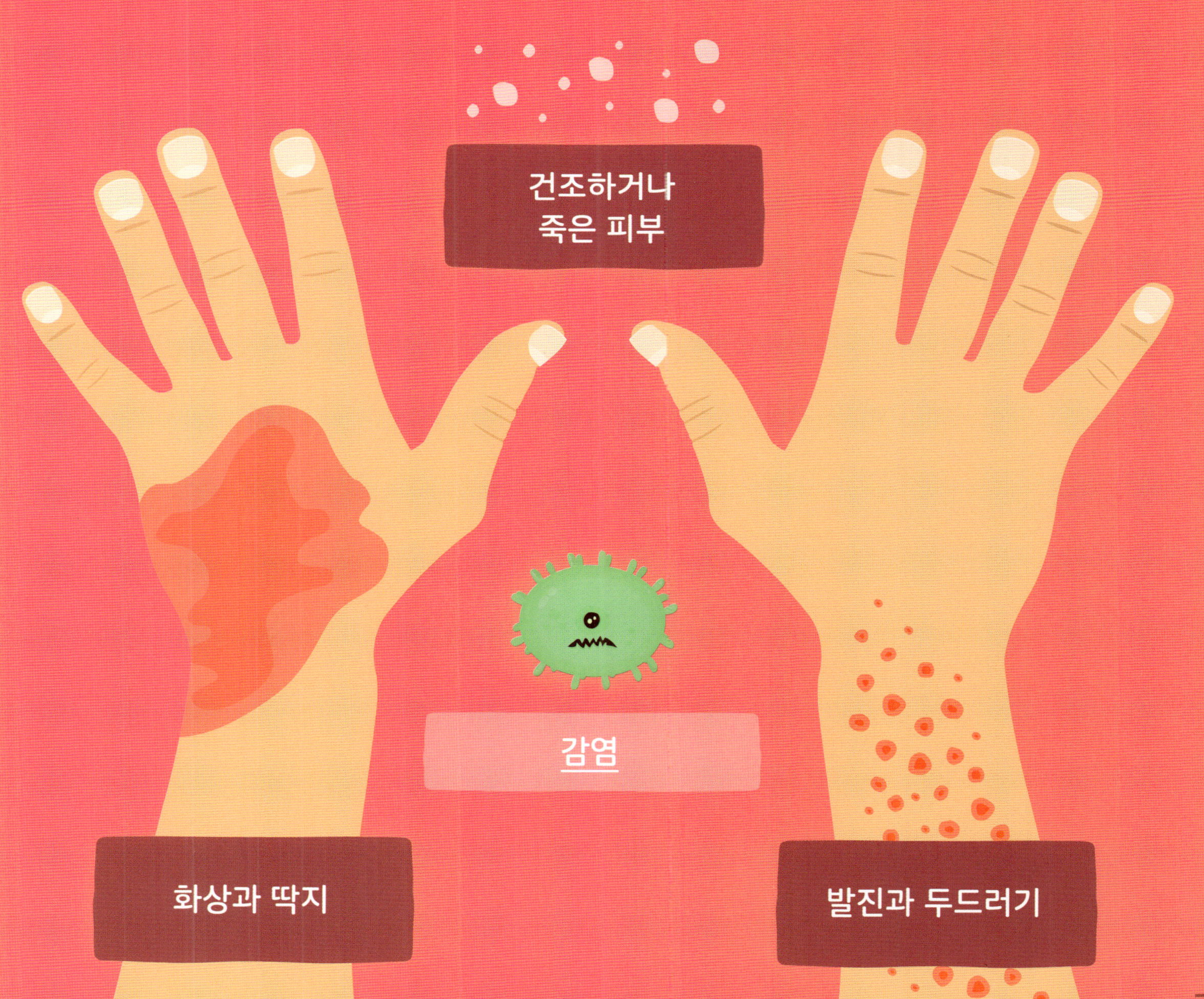

허물의 종류

허물 모양을 보면, 허물이 왜 벗겨졌는지 알 수 있어요.

허물 조각이 작고 하얀색이라면
피부 세포가 건조하거나
죽어서 생긴 거예요.
비듬이 바로 이런 경우예요.

화상을 입어 살갗이 부풀어 오르면
얇은 허물이 넓게 벗겨져요.

빨갛게 오톨도톨 돋은 발진이나 감염된 피부를 긁을 때 허물이 벗겨질 수 있어요. 
두껍고 딱딱한 딱지는 상처가 다 나을 때쯤 살갗에서 떨어져요.

피부가 막아 줘요

피부는 몸에서 가장 큰 기관이에요. 그리고 우리 몸을 해로운 것들로부터
보호해 주지요. 정말 놀랍지 않나요?

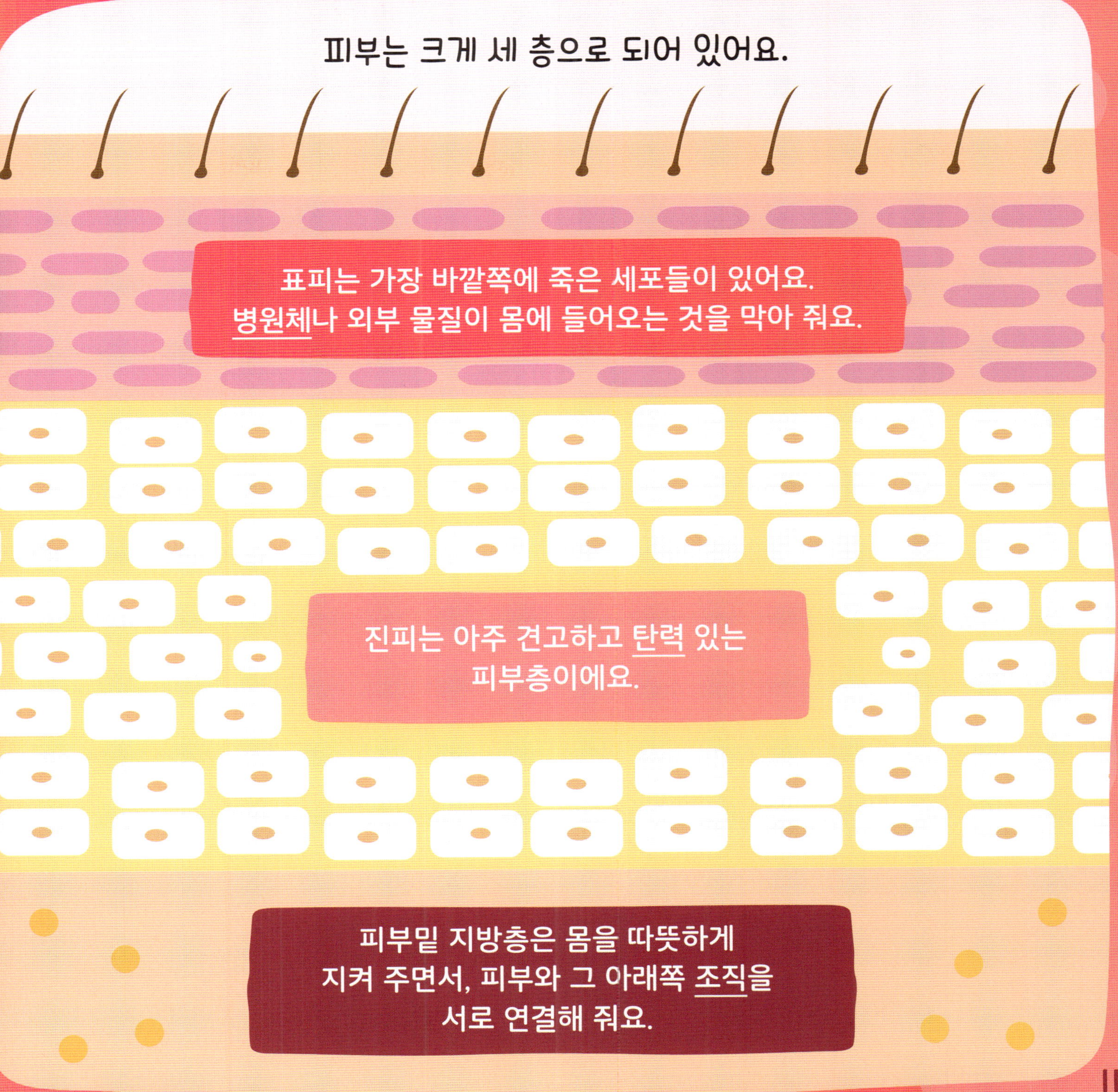

피부는 크게 세 층으로 되어 있어요.

표피는 가장 바깥쪽에 죽은 세포들이 있어요.
병원체나 외부 물질이 몸에 들어오는 것을 막아 줘요.

진피는 아주 견고하고 탄력 있는
피부층이에요.

피부밑 지방층은 몸을 따뜻하게
지켜 주면서, 피부와 그 아래쪽 조직을
서로 연결해 줘요.

피부가 햇볕에 탔나요?

햇볕을 너무 많이 쬐면 피부가 손상돼요. 어떻게 이럴 수 있을까요?

햇볕이
따가운 날엔
선크림을 잊지 말고
빨라야 해요!

2단계:
피부가 화끈거려요.
햇볕을 많이 쬐서 생긴
손상들이 나타나요.
피부가 빨갛게 변하면서
아프고, 물집이
잡히기도 해요.

3단계:
허물이 벗겨져요.
화상을 입은 데서
분홍색 피부가 새로
나면 죽은 피부가
허물로 벗겨져요.

언제나 새 세포로!

피부는 언제나 죽은 세포를 버리고 새로운 세포를 만들어요. 그래야 우리
몸을 계속 보호할 수 있거든요. 상처도 낫게 할 수 있고요.

피부에서는 죽은 세포가 끊임없이 떨어져요! 그런데 세포는 굉장히 작아서
이렇게 떨어지는 모습이 보이지 않아요.

상처 치료

살갗이 베이거나 까지면, 몸은 즉시 이 상처를 치료하려고 애써요.
여러 가지 세포가 상처 쪽으로 우르르 몰려가서 상처를 낫게 하지요.

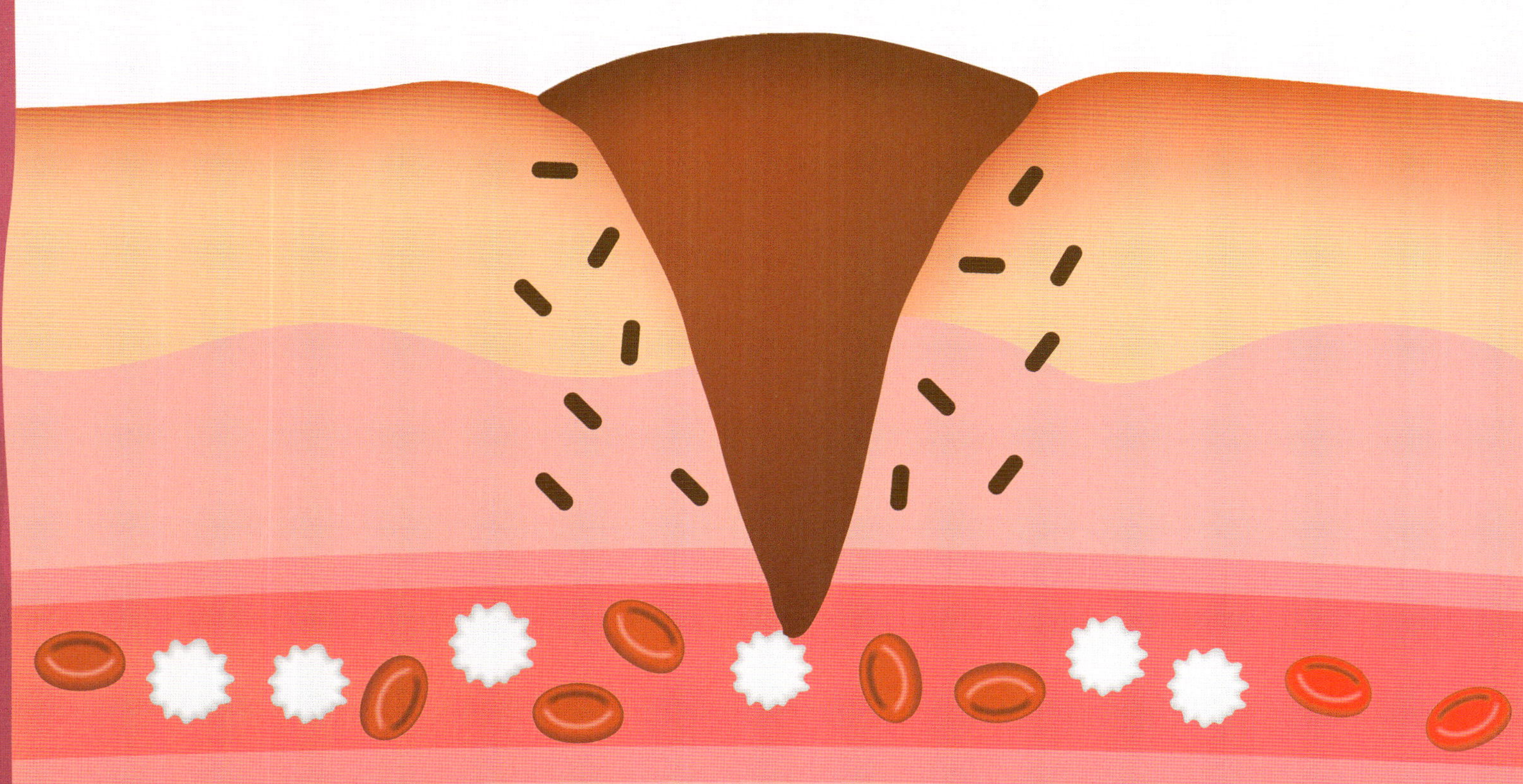

이때 가장 중요한 세포는 혈소판이에요. 혈소판은 상처에 가서 찰싹 달라붙어
있어요. 마치 끈적끈적한 풀처럼요. 피와 진물 등이 마르면서 딱지가 되지요.

상처 밑에서 새살이 돋는 동안, 딱지는
이물질이 몸에 못 들어오게 막아 줘요.
새살이 다 돋으면 딱지는 저절로 떨어지고요.

그래서 덜 아문
딱지는 절대 떼면
안 돼요. 아무리
가려워도요.

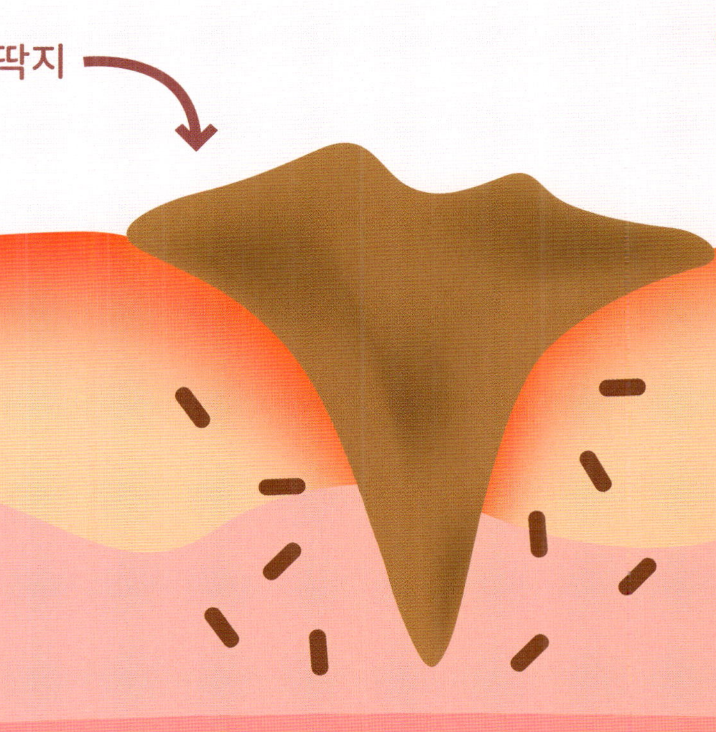

근질근질 무좀

무좀은 주로 발에 생기는 <u>곰팡이 감염</u>이에요. 무좀에 걸리면 발가락 사이의
피부가 얇게 벗겨지면서 무척 가려워요. 심하면 빨갛게 헐면서 아프고요.

발이 항상 땀에 젖어 있으면 무좀에 걸리기 쉬워요. 무좀에 걸리지 않으려면 발을 깨끗이 씻은 다음 잘 말려야 해요.

습진이 생겼어요

습진은 흔한 피부병이에요. 습진이 생기면 피부가 빨개지고 가려우며 아프기도 해요. 습진이 생기는 이유는 여러 가지예요. 예를 들면 이럴 때 습진이 생겨요.

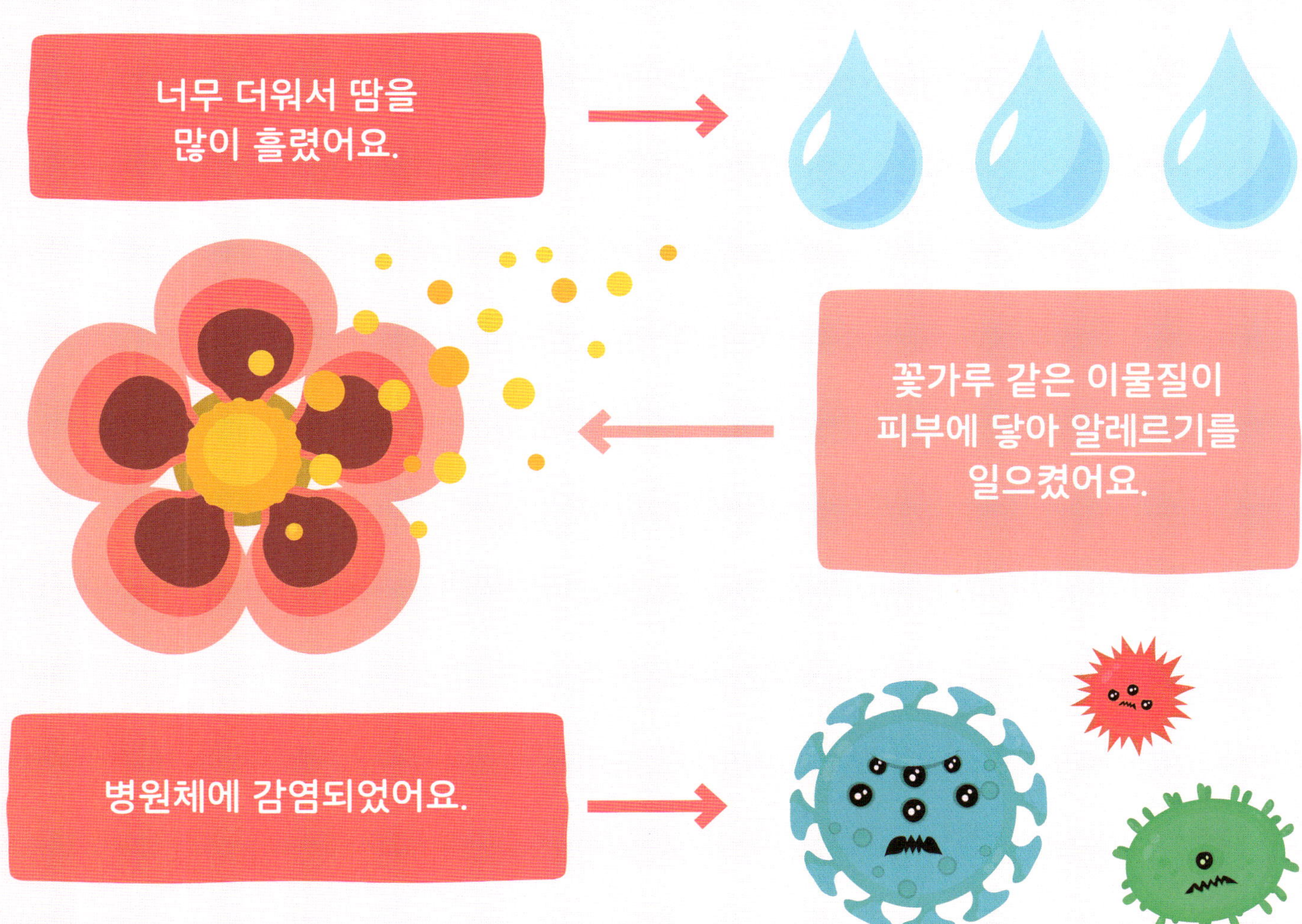

습진이 생기면 병원에서 치료를 받아야 해요. 습진이 번지는 걸 막기 위해서 할 수 있는 일은 다음과 같아요.

습진의 원인을 찾아봐요.

보습제를 자주 발라 줘요.

의사에게 약을 처방받아요.

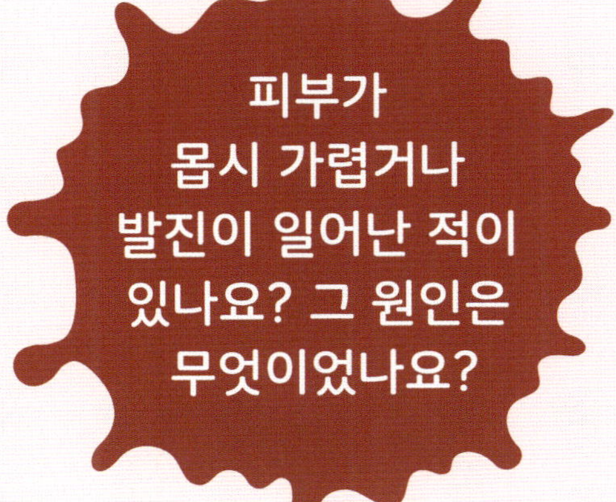

세상에, 이럴 수가!

지금 우리 발가락
사이에는 약 60종의
곰팡이가 살고 있어요.

우리 피부는
28일이 지나면 완전히
다른 피부로 바뀌어요.

우리 몸에서 가장 두꺼운 피부의 두께는 약 2밀리미터예요.
코뿔소의 몸에서 가장 두꺼운 피부의 두께는 2.5센티미터나 돼요.
이 정도는 돼야 피부가 두껍다고 할 수 있지 않을까요?

깜짝 퀴즈

오른쪽 허물이 누구 몸에서 나온 것인지 찾을 수 있나요?

1.

2.

3.

4.

[정답] 1-ㄷ 2-ㄴ 3-ㄱ 4-ㄹ

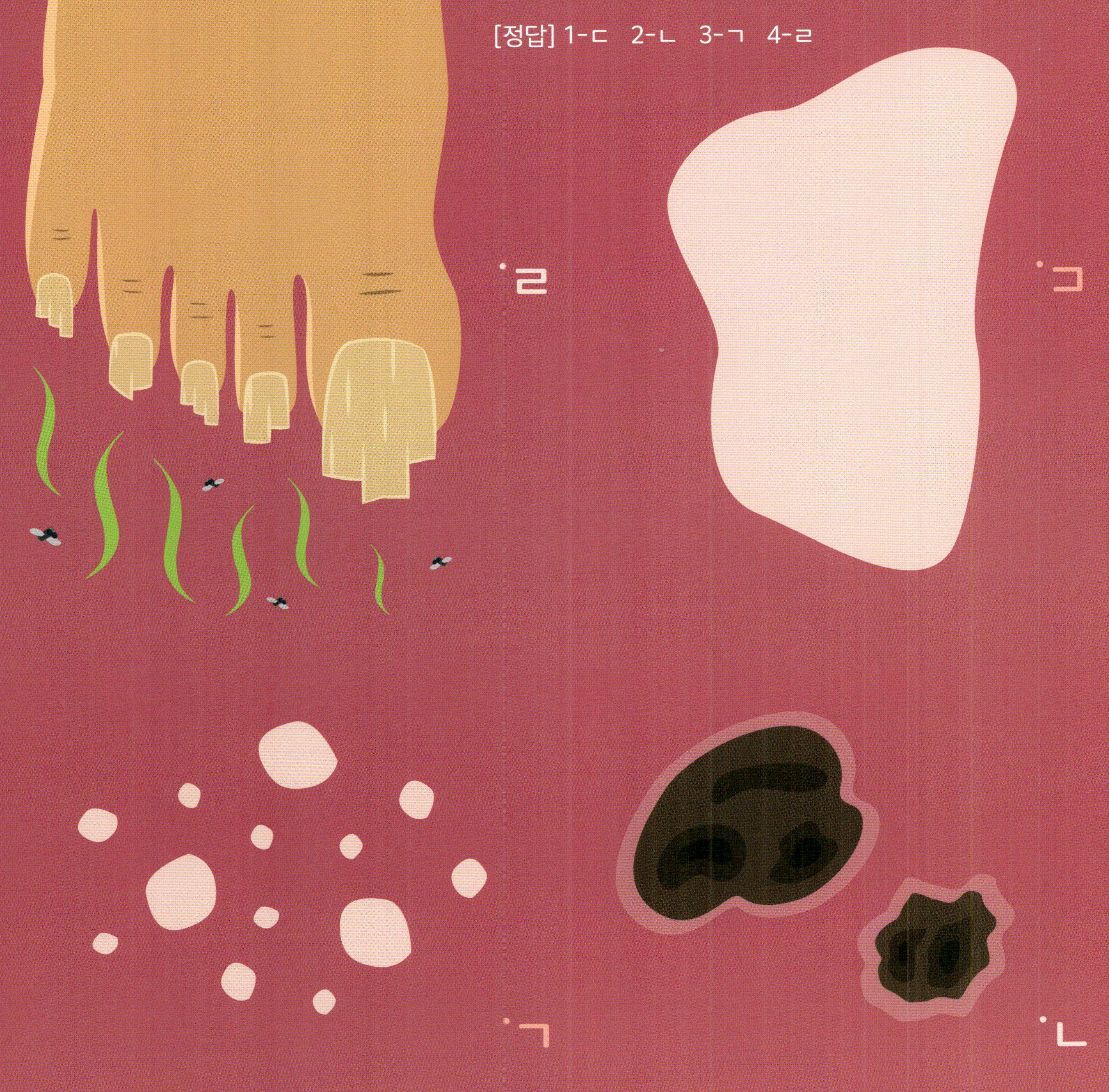

무슨 뜻일까요?

감염
7, 9, 18, 20쪽
병을 일으키는 바이러스, 세균, 진균, 기생충 같은 병원체가 몸속에 들어가 퍼지는 거예요.

곰팡이 감염
18쪽
곰팡이에 감염되는 거예요. 곰팡이는 다른 동물이나 식물에 붙어사는 균류예요. 어둡고 습기가 찰 때 잘 생겨요.

기관
10쪽
우리 몸의 한 부분으로, 일정한 모양을 가지고 특별히 정해진 일을 해요.

물집
12, 13쪽
피부 일부분에 액체가 차서 부풀어 오른 거예요. 액체는 물처럼 모양이 없고 흘러 움직이는 물질의 상태를 말해요.

바이러스
10쪽
동물이나 식물 등의 생물에 붙어살면서 그 생물을 병들게 하는 아주 작은 입자예요. 세균보다 작아요.

병원체
11, 20쪽
우리 몸에서 병을 일으키는 바이러스, 세균, 진균, 기생충 등을 말해요.

보습제
21쪽
피부가 마르는 것을 막기 위해 바르는 로션이나 크림 같은 것을 말해요.

세균
10쪽
다른 동물이나 식물에 붙어살면서 병을 일으키거나 발효 작용 등을 하는 작은 생물이에요. 박테리아라고도 해요.

세포
8, 14-16쪽
생물을 이루는 기본 단위예요.

알레르기
20쪽
어떤 물질이 몸속에 들어갔을 때 재채기를 하거나 두드러기가 나는 등 지나치게 반응하는 걸 말해요.

조직
11쪽
구조와 기능이 같은 세포들이 모여 있는 거예요.

처방
21쪽
의사가 병을 치료하기 위해 약을 정해 주는 걸 말해요.

탄력
11쪽
용수철처럼 튀거나 팽팽하게 버티는 힘이에요.

허물
6-9, 13, 24쪽
살갗에서 저절로 일어나는 껍질을 말해요.

삐뽀삐뽀 우리 몸

왜 피부가 벗겨져요?

초판 1쇄 발행 2021년 5월 25일 | 초판 2쇄 발행 2022년 6월 22일
글쓴이 에밀리 듀프레인 | 옮긴이 이계순 | 감수 서영균
펴낸이 홍성우 | 책임 편집 이정은 | 디자인 박두레 | 표지 그림 안태형
펴낸곳 기린미디어 | 등록 2016년 4월 26일 제 409-2016-000009호
주소 경기도 김포시 모담공원로 17
전화 0505-302-2381 | 팩스 0505-300-2381 | 전자우편 girinmedia@daum.net

ISBN 979-11-91142-20-4 74470
       979-11-91142-11-2 (세트)

*책값은 뒤표지에 표시되어 있습니다.

*파본이나 잘못된 책은 구입하신 곳에서 바꿔드립니다.

품명 아동 도서 | **사용연령** 5세 이상 | **제조국** 대한민국 | **제조년월** 2022년 6월 22일 | **제조자명** 기린미디어
연락처 0505-302-2381 | **주소** 경기도 김포시 모담공원로 17
주의사항 종이에 베이거나 긁히지 않도록 조심하세요. 책 모서리가 날카로우니 던지거나 떨어뜨리지 마세요.
KC마크는 이 제품이 공통안전기준에 적합하였음을 의미합니다.

이미지 출처

셔터스톡, 게티이미지, 싱크스톡포토, 아이스톡포토

표지, 3p : Dmitry Natashin, Nadzin. 모든 페이지마다 사용된 이미지 : Nadzin, TheFarAwayKingdom. p4 : svtdesign, TopVectorElements. p7 :
Ellika, Macrovector. p8 : Iconic Bestiary. p9 : gritsalak karalak, Anna Violet, Macrovecto. p10 : TopVectorElements. p11 : and4me. p12-13 :
MarySan, NotionPic, LOVE YOU. p14 : Tomacco. p15 : Iconic Bestiary. p16-17 : ASAG Studio. p18 : Rvector, redd_pandda, gritsalak karalak.
p19 : Sereja.Filippov. p20 : Macrovector, Iconic Bestiary, svtdesign. p21 : EmBaSy, Alexander Ryabintsev. p22 : Roi and Roi, svtdesign,
Aurora72. p23 : romawka. p24 : svtdesign. p25 : Roi and Roi, gritsalak karalak.

글쓴이 에밀리 듀프레인
캐나다에서 작가이자 시인으로 활동하고 있습니다. <일 년 내내> 시리즈와 <환경 문제> 시리즈를 비롯한 수십 권의 어린이 교양 도서를 썼습니다.

옮긴이 이계순
서울대학교를 졸업했고, 인문사회부터 과학에 이르기까지 폭넓은 분야에 관심을 갖고 공부하는 것을 좋아합니다. 좋은 어린이·청소년 책을 우리말로 옮기는 일에 힘쓰고 있습니다. 옮긴 책으로《캣보이》,《1분 1시간 1일 나와 승리 사이》,《말똥말똥 잠이 안 와》,《지키지 말아야 할 비밀》, <공룡 나라 친구들 시리즈(전11권)> 등이 있습니다.

감수 서영균
서울대학교 의과대학을 졸업한 의학박사, 가정의학과 전문의입니다. KBS <생로병사의 비밀>, 채널A <나는 몸신이다> 등 다수의 프로그램에 출연했습니다. 현재 한림대학교 성심병원 가정의학과 교수입니다.